Michael Dienst

Methoden in der Bionik: Kennzahl für die Fluid-Struktur-Wechselwirkung

GRIN Verlag

Bibliografische Information der Deutschen Nationalbibliothek:

Die Deutsche Bibliothek verzeichnet diese Publikation in der Deutschen National-
bibliografie; detaillierte bibliografische Daten sind im Internet über http://dnb.d-
nb.de/ abrufbar.

Impressum:

Copyright © 2011 GRIN Verlag GmbH
Druck und Bindung: Books on Demand GmbH, Norderstedt Germany
ISBN: 978-3-656-08872-1

Dieses Buch bei GRIN:

http://www.grin.com/de/e-book/184140/methoden-in-der-bionik-kennzahl-fuer-
die-fluid-struktur-wechselwirkung

Eine Hypothese, die Einbeziehung von Strömungsleistung, Fluidität, lokaler Geometrie und Gestaltänderungsenergiespeicherfähigkeit bei Fluid-Struktur-Wechselwirkungsphänomenen in einer gemeinsamen Kennzahl betreffend.

Teil I

Intro. In den Naturwissenschaften und in der Technik sind es fluidmechanische Fragestellungen, die sowohl einen hohen strukturellen Aufwand (Windkanäle, Strömungsmessstrecken), ausgefeilte numerische Methoden (Strömungssimulation, Computational Fluid Dynamics, CFD) als auch eine sehr hohe theoretische Sachverständigkeit aller Beteiligten fordern. In der Praxis der Übertragung von in der belebten Natur beobachteten Phänomenen auf Technik treten genau hier nahezu systematisch jene Hemmnisse auf, die eine Produktentwicklung im klassischen Sinne verzögern oder gar vollkommen scheitern lassen. Zwar unterstützen Computer Aided Design (CAD) und hochperformante Programmsysteme des Physical Modelling, etwa Simulationsmethoden, wie die Strukturanalyse mit FEM (Finite Element Methode und Berechnung der Strömungsgrößen mit CFD dank Soft- und Hardwareverfügbarkeit die „Frühe Phase" der industriellen Produktentwicklung, doch trotz allen Simulierens und Optimierens werden (frühe) realitätsnahe Szenarien untersucht, die von Konstrukteuren und Designern in einem ersten Schritt vage, dann aber immer konkreter werdenden Funktions-, Gestaltungs- und Materialaussagen erfordern. Konzepte, Bauweisen und Strategien der Biologie unterscheiden sich in verblüffender Weise von denen der Technik, so dass der technischen Innovation nach dem Vorbild eines Phänomens, beobachtet in der belebten Natur, eine wissenschaftliche Auseinandersetzung seiner physikalischen, chemischen und informationstechnischen Ursachen vorausgeht.
Bei fluidisches Phänomen, beobachtet an einem Lebewesen wird, um die prinzipielle Lösung auf ein technisches Problems übertragen zu können, eine Ähnlichkeit hinsichtlich des Funktions- und Wechselwirkungsgeschehens gefordert. Für einen ersten Ansatz sind daher Similaritätsbetrachtungen, die den Einstieg in ein Übertragungsszenario im Sinne der Bionik leisten, nützlich.
Bevor nun die Hypothese über eine sehr spezielle Similarität entwickelt und zur Diskussion gestellt wird, möchte ich an Hand einer tradierten Ähnlichkeitszahl die Herangehensweise einer Similaritätsbetrachtung darstellen.
Bei fluidmechanischen Wechselwirkungen und unter der speziellen Voraussetzung voll getauchter Ähnlichkeitsexemplare findet die so genannte Reynoldsidentität Anwendung.

Reynolds-Zahlen. Zu einer Zeit vor der Verfügbarkeit von Strömungskanälen oder computergestützten Simulationsprogrammen hatte der Physiker Osborne Reynolds beschrieben, dass sich Zustandsgrößen des Strömungsfeldes, respektive die lokale Geschwindigkeit und idealisierte Konstruktionsparameter (Referenz- bzw. Signifikanzlängen) des Fluidsystems dann linear variieren lassen, wenn sie auf die Transportkoeffizienten des realen, reibungsbehafteten Fluids bezogen werden.

Reynolds-Zahl $Re = v \cdot L / \nu$ $[m \cdot s^{-1} \cdot m \cdot m^{-2} \cdot s]$, [-]   (1)

$Re = v \cdot L / \mu$ $[kg \cdot m^{-3} \cdot m \cdot s^{-1} \cdot m \cdot (kg \cdot s^{-1} \cdot m^{-1})^{-1}]$, [-]

Größe	Symbol	Einheit	Dimension
Länge	l	[m]	L
Geschwindigkeit	v	[m/s]	$L \cdot T^{-1}$
Dyn. Viskosität	μ	[N s /m²]	$M \cdot L^{-1} \cdot T^{-1}$
Dichte	ρ	[kg/m³]	$M \cdot L^{-3}$
Kin. Viskosität	ν	[m²/s]	$L^2 \cdot T^{-1}$

Die dimensionslose Reynolds-Zahl (Re) stellt das Verhältnis der an einem Fluidsystem wirkenden Trägheits- und Zähigkeitskräften dar. Die Transportkoeffizienten μ und ν sind wichtige Stoffgrößen in der Fluiddynamik. Sie sind über einen weiteren Stoffwert, der Dichte des Mediums ρ mit einander gekoppelt. In Tabellenwerken sind beide Darstellungen gebräuchlich. Die dynamische Viskosität μ ist ein Maß für die Zähflüssigkeit eines Fluids. Je größer die Viskosität, um so mehr nimmt die Fließfähigkeit ab. Deshalb ist es für Beobachtungen im täglichen Leben sinnfälliger, die Fließfähigkeit oder die „Fluidität" einer Substanz zu beschreiben, also den Kehrwert $1/\mu$, bzw $\psi=1/\nu$. Darauf komme ich bei unseren späteren Betrachtungen zurück. Der Begriff der Viskosität ist eng verwoben mit der Vorstellung eines Widerstands gegen Scherbewegung innerhalb des Fluids [Die-11]. Teilchen zäher Flüssigkeiten sind stärker aneinander gebunden, besitzen eine innere Reibung, die zum Teil über Anziehungskräfte getragen wird. Die kinematischen Viskosität ν trennt die dynamische Viskosität μ vom Dichteeinfluss des Mediums. Die Viskosität ist sowohl temperatur- als auch druckabhängig.

Stoff	dyn. Viskosität μ	Dichte ρ	kin. Viskosität ν	
	$[kg \cdot s^{-1} \cdot m^{-1}]$	$[kg \cdot m^{-3}]$	$[m^2 \cdot s^{-1}]$	(2)
Luft$_1$	$18,1 \cdot 10^{-6}$	$1,188$	$15,24 \cdot 10^{-6}$	
Wasser$_2$	$1,01 \cdot 10^{-3}$	$0,998 \cdot 10^3$	$0,1012 \cdot 10^{-6}$	
Öl$_3$	$6,80 \cdot 10^{-3}$	$0,858 \cdot 10^3$	$7,93 \cdot 10^{-6}$	
Gelatine$_4$	$3,7 \cdot 10^{-3}$	$0,8 \cdot 10^3$	$4,625 \cdot 10^{-6}$	

Tabelle der Transportkoeffizienten und Dichten [Hüt-02] [Gel-10].

Reynoldsidentität besagt nun, dass die Reynoldszahlen zweier fluidischer Szenarien, beispielsweise die Design-Reynoldszahl Re_D eines Schiffbauteils und die Reynoldszahl eines beobachteten biologischen Phänomens Re_b größenordnungsmäßig identisch sein sollen, damit eine Übertragbarkeit im Sinne der Bionik möglich erscheint.

Reynoldsidentität $Re_b = Re_D$ $[-]$ (3)

Die Größenordnungen der Reynoldszahlen für Flugzeuge und Seefahrzeuge rangieren in einem Bereich von fünf Dekaden.

Technisches System	Re-Größenordnung	
Modellflugzeug	$1 \cdot 10^5$	
Hochleistungssegelflugzeug	$1 \cdot 10^6$	
Windkraftanlage	$2 \cdot 10^6$	
Cessna	$5 \cdot 10^6$	
Airbus	$1 \cdot 10^8$	(4)
Zeppelin NT	$5 \cdot 10^8$	
Ozeandampfer	$5 \cdot 10^9$	

Für den Konstrukteur und Entwickler technischer fluidischer Systeme sind die Strömungsverhältnisse in einem Design-Kontrollraum (Design-Space) unterschiedlicher geometrischer Form und Größe ein wichtiges Kommunikationsmittel. Für Strömungsbauteile und Anbauten, etwa den Leit- und Steuerflächen an Schiffen, existieren aufgrund gut dokumentierter messtechnischer Untersuchungen und zunehmender Verfügbarkeit moderner Hard- und Software zur Strömungssimulation genügend Detailinformationen.

Anders auf der Seite der biologischen Analyse. Werden ganze Lebewesen betrachtet, sind oftmals Informationen über das Strömungsgebiet und auch der signifikanten Längen, hier die Rumpf- oder Körperlängen der Lebewesen, gegeben. Schwieriger gestaltet sich die Betrachtung einzelner Körperteile, etwa des (bewegten, schlagenden) Flügels einer Stubenfliege oder die Beobachtung des Aufsteilens des Gefieders eines landsegelnden Geiers oder der Flossenschlag eines Fisches. Ein Kataster typischer Strömungsszenarien an signifikanten Lebewesenkörperteilen wie sie in der biologischen Welt vorkommen mögen, existiert nicht. Das Problem ist seit langem gleichermaßen bekannt wie ungelöst. In den Naturwissenschaftlichen Instituten existieren durchaus ergiebige Mengen an Daten und Kennwerten zur Biomechanik der Lebewesen. Doch liegen diese Informationen selten in einer für den Konstrukteur brauchbaren Form vor. Tabelle (5) benennt einige Reynoldszahlen von Strömungsszenarien um ganze Tiere oder Lebewesenkörperteilen.

Lebewesen	signifikante Länge	Geschwindigkeit	Re_b	
Forelle (Körper)	L= 0,25 [m],	v= 4 [m·s^{-1}],	Re = 1·10^6	
Goldfisch (Körper)	L= 0,2 [m],	v= 1 [m·s^{-1}],	Re = 2·10^5	(5)
Kolibri (Flügeltiefe)	L= 0,02 [m],	v= 22 [m·s^{-1}],	Re = 3·10^4	
Libelle (Flügeltiefe)	L= 0,01 [m],	v= 15 [m·s^{-1}],	Re = 1·10^4	
Insekt (Rumpf)	L= 0,075 [m],	v= 2 [m·s^{-1}],	Re = 1·10^3	

Reichhaltiges Datenmaterial existiert auf den Gebieten der (Human- und Bio-) Allometrie, Isometrie und der biologischen Similaritäten [Guen-98] [Gör-75] [Hux-32] [Fli-02] [Cal-84] [Pflu-96] [Tho-92] [Zie-72]. Interessanterweise werden in den zu diesem Aufsatz recherchierten Arbeiten ausschließlich Ergebnisse massebezogener iso- und allometrischer Messungen und Berechnungen zitiert. Die tradierte Methode der Reynols-Similarität (Form (3)) sei als Exempel für die Herangehensweise einer Übertragung von in der Natur beobachteten Phänomenen auf Technik genannt.

Teil II

Hypothesenbildung,

Es werden in Zwischenschritten die Elemente und Komponenten eines hypothetischen Kennwertes zur Beschreibung des lokalen Energieübertragungsgebarens eines in Fluid agierenden Systems erarbeitet und der Similaritäts-Kennwert formuliert.

Energetische Kopplung. Unter der vereinfachenden Voraussetzung, Wesen als Bio-Systeme betrachten zu dürfen ist in der belebten Natur zu beobachten, dass fluidische Lebewesen, etwa Fische, Meeressäuger, Vögel, Insekten aber auch Pflanzen, wie Flugsamen, Pollen und andere, in erster Linie voll getaucht, biologische Systeme mit ihrer Umgebung Stoff, Energie und Information austauschen. Die Systemgrenze trennt dabei und koppelt zugleich das innere Milieu des Lebewesens von seiner Umgebung. Die energetische Kopplung beispielsweise wird maßgeblich über die (System-) Oberfläche des Wesens betrieben und kann in beide Richtungen erfolgen. Beispiele: Sonnenenergie (Strahlung und Konvektion) gelangt über die Haut in das Lebewesen; eine Fischflosse überträgt mechanische Energie aus dem Fisch (heraus) in das Fluid (hinein). Hinsichtlich der energetischen Kopplung von Fisch (solid) und seiner Umgebung (fluid) interessieren uns darüber hinaus der Impulsaustausch aus strukturierten Fluiden wie wirbel- und scherschichtbehafteten Strömungen, Inversionen, Geschwindigkeits- und Richtungsgradienten usw. mit dem Lebewesen.

Lemma(1): Die energetische Kopplung sei unabhängig von der Richtung ihres Flusses.

Design Space. Zwar findet der Energieaustausch bei Fischen beispielsweise graduell über das Wesen verteilt an der gesamten Außenkontur statt, doch lassen sich gelegentlich lokal verortbare Phänomene ausmachen, die ein *diskret beschreibbares Volumen* nutzen, beispielsweise den (so genannten) Kollisionsraum einer Brustflosse. Denken wir nun – im poietischen Sinne der Bionik - an eine Übertragung auf Technik, so möge die Gestaltungsabsicht unserer Entwicklung auf eine Leit- und Steuerfläche, vielleicht einen strömungsadaptiven Stabilisator für en Seefahrzeug zielen. Der diskret beschreibbare Raum hieße dann Kontrollvolumen oder wie oben beschrieben *Design Space* und hätte eine definierte Geometrie. Ingenieure lieben karthesische Kästchen.

Lemma(2): Es existiere ein wohl definierter Kontrollraum des Energieaustauschs.

Elastizitätsmodul. Brustflosse (Biosystem) und strömungsadaptiver Stabilisator (Technik) sind gleichsam dynamische Systeme. Eine Ursache bzw. Wirkung des Energieaustauschs in dynamischen Systemen ist die Fähigkeit zur Geometrie- und Gestaltänderung, die sich in einer Bewegung des der betrachteten Extremität (Wesen) bzw. des zu gestalten beabsichtigten Bauteile oder der Anhänge (Technik) darstellt. Dies macht gegebenenfalls eine zeitbasierte Betrachtung des Wechselwirkungsgeschehens erforderlich: Transienz. Das Kontrollvolumen umschreibt den Raum möglicher Bewegungen, Verschiebungen, Verzerrungen der Bauteil- oder Extremitätengeometrie vollständig: Kollisionsraum.

Ein Merkmal transienten (Energie-) Wechselwirkungsgebarens in einem Kontrollvolumen ist die Fähigkeit einer elastischen Struktur den über das Fluid eingetragenen Impuls zu verarbeiten. Irreversibles energetisches Zehren geht mit einer plastischen Form- bzw. Gestaltänderung der Struktur einher und soll an dieser Stelle nicht Gegenstand weiterer Betrachtungen sein. Reversibles Energiewandeln ist getragen von einem (Energie-) Speichervermögen der durch das Fluid beaufschlagten Struktur. Hier taucht nun das (bislang ungelöste) Problem auf, dass das gedämpft- elastische Gestaltänderungs-vermögen eines in einem Fluid arbeitenden, zudem belastungsadaptiven Bauteils einer hochkomplexen (transienten) Zustandsanalyse bedarf und sich derzeit noch einer gesicherten quantitativen Beschreibung entzieht. Dem (glücklichen) Umstand fortschreitender quantitativer Biosystemanalyse und der damit einhergehenden Erfassung von Biomaterialien in katalogisierbaren Werkstoffkennwerten und Materialdatenbanken sei es geschuldet, dass an dieser Stelle die Vermutung (in Gestalt eines Hypothesen-Satzes) ausgesprochen wird, dass der experimentell einfach zu ermittelnde Kennwert des Elastizitätsmodul des Baustoffes (Wesen) bzw. des Werkstoffes (Technik) charakteristisch sei für das Energietransport- und Energiespeichervermögen der (biologischen bzw. technischen) Struktur eines im einem Kontrollvolumen an einem energetischen Wechselwirkungsgeschehen beteiligten Strömungsbauteils (Technik) bzw. einer Körperextremität (Wesen).

Lemma(3): Der Elastizitätsmodul repräsentiere das Energiewechselvermögen einer elastischen Struktur in einem Fluid.

Elastizitätsmodule sind insbesondere bei faserigen Materialien von der Belastungsrichtung abhängig. Die nachfolgende Tabelle liefert einen Vergleich der Größenordnungen von E-Module technischer, biologischer und synthetischer Werkstoffe.

Technische Materialien	E-Modul in 10^9 [Pa], [N·m^{-2}]
Aluminium (Legierungen)	59 bis 78
Stahl (legiert)	186 bis 216
Baustahl	210
Messing (CuZn40)	100
Biologische Materialien	
Holz Buche (faserparallel / radial)	2,3 / 14
Holz Eiche (faserparallel / radial)	1,6 / 13
Holz Fichte (faserparallel / radial)	0,8 / 10
Knochen (Mensch)	18 bis 21
Knorpel (Mensch)	0,005 bis 0,01
Sehnen (Bandscheiben, Mensch)	0,7
Haar (Mensch)	3,6
Spinnweben	0,003
Collagen	0,002
Resilin (Insekten)	0,001
Hybride Materialien	
Lignobond (60% PP + Naturfaser)	5
Biobond (DIN 13432 200-12, biol. abbaubar)	3,8
Faserverstärkte Kunststoffe	
Epoxid (Matrix)	3,2
Carbon (Faser) CKG (Biegung / Zug)	12 / 140
Aramid (Nomex, Kevlar) (lowModulus / highM.)	59 bis 127
Kunststoff (glasfaserverstärkt) GFK	7,0 bis 45
Kunststoff (kohlenstofffaserverstärkt) CFK	70 bis 200
Kunststoffe	
Plexiglas (PMMA)	2,7 bis 3,2
Polyamid (Nylon)	2 bis 4
Polyethylen (PE-HD)	0,15 bis 1,65
Polyvinylchlorid (PVC)	1 bis 3
Polypropylen (PP)	1 bis 2
Polyamid6 (PA6)	3,2
Polyoxymethylen (POM)	3,1
Polycarbonat (PC)	2,2
Silikonkautschuk	0,01 bis 0,1
Elastomere / Gummi (BuNa)	0,01 bis 0,1
Polyurethan (LD / Bauschaum)	0,01 bis 0,06
Schaum (Styropor)	0,001 bis 0,01

Strömungsleistung. Der Energietransfer soll in einem diskreten Kontrollvolumen erfolgen. Es ist mit einfachen Berechnungsaufsätzen möglich und beispielsweise bei der Auslegung von Windrädern durchaus tradierte Praxis, das Energieübertragungs-vermögen einer Strömung über ein Kontrollvolumen wenigstens größenordnungsmäßig abzuschätzen. Die Formel von Betz ist ein derartiger Berechnungsansatz. Es steht die Frage im Vordergrund: Wie viel Energie steckt in der Strömung; wie viel mechanische Leistung kann ich – in einem günstigen Fall – der Strömung entziehen. Abgewandelt auf unsere Gestaltungsaufgabe ist ein Energietransferleistungsvermögen im Sinne einer Einkopplung von Energie aus dem technischen Bauteil (der biologischen Extremität) in die Strömung bzw. einer Energieentkopplung aus dem Fluid in die (elastisch-solide) Struktur zu formulieren.

Lemma(4): Der Fluid-Struktur-Energietransfer sei mit der Strömungsleistung über ein diskretes Kontrollvolumen quantifizierbar.

Mit den Größen

Größe	Symbol	Einheit	Dimension
Leistung	P	$[Nm\ s^{-1}]$, $[kg\ m^2\ s^{-3}]$, $[W]$,	$M \cdot L^2 \cdot T^{-3}$
Energie	E	$[Nm]$, $[kg\ m^2\ s^{-2}]$, $[J]$,	$M \cdot L^2 \cdot T^{-2}$
Volumenelement	(dx dy dz)	$[m^3]$,	L^3
Fläche	A_{yz}	$[m^2]$,	L^2
Geschwindigkeit	v_x	$[m\ s^{-1}]$,	$L \cdot T^{-1}$
Dichte (Fluid)	ρ	$[kg\ m^{-3}]$,	$M \cdot L^{-3}$
Leistungsfaktor	c_p	$[-]$.	

Leistung

$$P = d(E)\,/\,dt = \tfrac{1}{2}\ v^2 \cdot d(m)\,/\,dt \qquad (6.1)$$
$$P = \tfrac{1}{2}\ v^2 \cdot \rho \cdot dy \cdot dz \cdot d(x)/dt$$
$$P = \tfrac{1}{2}\ v^3 \cdot \rho \cdot dy \cdot dz$$
$$P = \tfrac{1}{2}\ v^3 \cdot \rho \cdot dA \qquad (6.2)$$

Kontinuität

$$v \cdot \rho \cdot A = const. \qquad (7)$$
$$v_1 \cdot \rho \cdot A_1 = v_2 \cdot \rho \cdot A_2 = v_3 \cdot \rho \cdot A_3 = const.$$

ein- / entkoppelte Leistung

$$P = \tfrac{1}{2}\ (v_1^3 - v_3^3) \cdot \rho \cdot dA$$
$$P = \tfrac{1}{2}\ c_p \cdot (v_1^3 - v_3^3) \cdot \rho \cdot dA$$
$$P_e = \tfrac{1}{2}\ c_p \cdot v^3 \cdot \rho \cdot A \qquad (8)$$

$$P_e \ in\ [m^3\ s^{-3}\ kg\ m^{-3}\ m^2],\ [Nms^{-1}],\ [Js^{-1}],\ [W];\qquad M \cdot L^2 \cdot T^{-3}$$

Herleitung der aus dem Fluid ein- / entkoppelbaren Leistung mit einem pauschalen Energie-Entkopplungs-Ansatz ((A-dx)-Korridormodell):
Die entkoppelbare Strömungsleistung P, also die zeitliche Änderung der Strömungsenergie $d(E)/\ dt$ erscheine in einem Kontrollvolumen mit den Stirnflächen dA_1 und dA_3, respektive $dA=dy \cdot dz$ nur in einer Koordinatenrichtung dx (Form (6.1)). Das Massenerhaltungsgesetz (Form (7)) gilt für die Durchtrittsflächen A_1 vor, A_2 während und A_3 nach der Energieentkopplung bei konstanter Dichte ρ des Fluids. Die durch Verzögerung dem Fluid entzogene bzw. durch Beschleunigug dem Wesen einverleibte kinetische Energie ist die Differenz aus der in den Korridor hineingehenden und herausgehenden kinetischer Energie. Mit dem in der Strömungsmechanik bekannten

Leistungsbeiwert nach Betz cp , auf dessen Herleitung ich an dieser Stelle verzichte, folgt eine Handformel (Form (8)) für die (in einem Modellkorridor) ideal und verlustfrei entkoppelte Leistung P_e.

Transportkoeffizienten. Das energetische Wechselwirkungsgeschehen an einem sich in einer Strömung befindlichen elastischen Körper wird maßgeblich über die Stoffeigenschaften des Fluids bestimmt. Neben der Dichte des Mediums spielen die Transportkoeffizienten, die kinematische und die dynamische Viskosität μ und v bzw. die – aus meiner Sicht sinnfälligere (der Viskosität rezibroken) kinematische und die dynamische Fluidität μ^{-1} und v^{-1} eine entscheidende Rolle. Die Transportkoeffizienten sind über einen weiteren Stoffwert des Fluids, der Dichte ρ mit einander gekoppelt. In Tabellenwerken sind beide Darstellungen gebräuchlich.

dynamische Viskosität μ: [$N \cdot s \cdot m^{-2} = kg \cdot s^{-1} \cdot m^{-1} = Pa \cdot s$] $[M \cdot L^{-1} \cdot T^{-1}]$,
kinematische Viskosität v: [$m^2 \cdot s^{-1} = Pa \cdot s \ kg^{-1} \cdot m^{-3}$] $[L^2 \cdot T^{-1}]$,
kinematische Fluidität $\psi = v^{-1}$:   [$m^{-2} \cdot s$] $[L^{-2} \cdot T]$

Der Begriff der Viskosität ist eng verwoben mit der Vorstellung eines Widerstands gegen Scherbewegung innerhalb des Fluids [Die-11]. Teilchen zäher Flüssigkeiten sind stärker aneinander gebunden, besitzen eine innere Reibung, die zum Teil über die Anziehungskräfte (Kohäsion) getragen wird. Die kinematischen Viskosität trennt die dynamische Viskosität vom Dichteeinfluss des Mediums. Die Transportkoeffizienten sind sowohl temperatur- als auch druckabhängig.

Lemma(5): Der Einfluß der Fluidität des Mediums auf die Energieübertragung im Kontrollvolumen ist relevant.

Hypothesenbildung:

Auf der Basis der benannten Komponenten und Zwischenschritte (Lemmata 1 bis 5) wird nunmehr eine (erste) hypothetische, ihrer Art nach dimensionslose Kennzahl komponiert, die entkoppelbare Strömungsleistung und Fluidität des Strömungsmediums sowie das Energietransfervermögen der adaptiven Struktur über einen Gestaltungs- bzw. Kollisionsraum (Design Space) zueinander ins Verhältnis setzt. Die Kennzahl soll später zum Vergleich lokaler **F**luid-**S**truktur-**W**echselwirkungsphänomene (FSW) dienen. Der Arbeitstitel der hypothetischen Similaritäts-Kennzahl sei: FSW-Zahl, oder K_{FSW}.

Es sei:

K_{FSW} = F{Strömungsleistung, Fluidität, Energietransfervermögen, Kollisionsraum}

In das / aus dem Fluid koppelbare Leistung P_e [W] $M \cdot L^2 \cdot T^{-3}$
Stoffwert der elastischen Struktur: E-Modul   E: [Nm^{-2}] $M \cdot L^{-1} \cdot T^{-2}$
Transportkoeffizient: kinematische Fluidität $\psi = v^{-1}$ [$m^{-2} \cdot s$] $L^{-2} \cdot T$
Design Space / Kollisionsraum   D: [m^3] L^3
Signifikante Kollisionsraumabmessung   L   [m]   L

Fügen der Kennzahl:

$$K_{FSW} \; = \; P_e \cdot \psi \cdot (L \cdot E)^{-1} \; \{ L^{-2} \bullet T \bullet M \bullet L^2 \bullet T^{-3} \bullet (L \bullet M \bullet L^{-1} \bullet T^{-2})^{-1} \} \quad (9)$$

$$.. \qquad \{ L^{-2} \bullet T \bullet M \bullet L^2 \bullet T^{-3} \bullet L^{-1} \bullet M^{-1} \bullet L \bullet T^2 \}$$

$$K_{FSW} \; = \; P_e \cdot \psi \cdot (L \cdot E)^{-1} \; = \; \tfrac{1}{2} \, c_p \cdot v^3 \; \cdot \; \rho \cdot A \cdot \psi \cdot (L \cdot E)^{-1} \quad (10)$$

...mit $L \sim A \cdot L^{-1}$ und $\tfrac{1}{2} \, c_p = const.$ sowie $\psi = v^{-1}$ folgt:

$$K_{FSW} \; = \; v^3 \cdot \rho \cdot L \cdot (v \cdot E)^{-1} \quad (11)$$

Den Lemmata gemäß sei nun eine hypothetische Fluid-Struktur-Wechselwirkungs-Kennzahl K_{FSW} zu einem similaritätsfunktionalen Term (Form (9)) gefügt und eine Betrachtung aller auftretenden Dimensionen im Sinne einer Plausibilitätskontrolle eingeschlossen. Der Term $(L = A \cdot L^{-1})$ repräsentiere eine signifikante Länge des lokalen Kollisionsraums des Strömungsgebiets in dem die relevante, zu beschreibende Fluid-Struktur-Wechselwirkung stattfindet. Der Term $(c_p / 2 = const.)$ darf aus der Gleichung verschwinden. Der Transportkoeffizient bzw. der Kehrwert der druck- und temperaturabhängigen dynamischen Fluidität ist als Tabellenwert verfügbar. Auf diese Weise erhält man mit der lokalen Strömungsgeschwindigkeit eine handgriffige Kennzahl (Form(11)) für die die Dichte des Fluids und der Struktur-Materialwert entsprechend dem beobachteten Wechselwirkungsphänomen auszuwählen ist.

Der Gegenstand der Hypothese:

$$K_{FSW} = v^3 \cdot \rho \cdot L \cdot / (v \cdot E) \quad ... \quad \text{FSW-Zahl}$$

... ist eine dimensionslose Kennzahl, welche den signifikanten Charakter die Fluid-Struktur-Wechselwirkung während der Energie-Ein- oder Entkopplung einer energieelastischen Struktur in (oder aus) einem relativ dazu bewegtem Fluid beschreibt derart, dass die allgemeine Definition einer Similaritätskennzahl gilt:

„Wenn zwei Wechselwirkungsphänomene durch dasselbe mathematische Modell definiert sind, so lassen sich genau dann alle Größen des einen in die des anderen mit einer gegebenen Transformationsregel umrechnen, wenn die dimensionslosen Kennzahlen dieselben Werte aufweisen".

Mi. Dienst, Berlin im Winter 2011/2012

Bibliographie und weiterführende Literatur

[BaNe-98]   Barthlott, W.; Neinhuis, C.: Lotusblumen und Autolacke – Ultrastruktur pflanzlicher Grenzflächen und biomimetische unverschmutzbare Werkstoffe. Biona Report 12, Schriftenreihe der Wissenschaften und der Literatur, Mainz. Gustav Fischer-Verlag, Stuttgart 1998.

[Bann-02]   Bannasch, Rudolph. Vorbild Natur. In: design report 9/02, S.20ff. Blue.C Verlag Stuttgart: 2002.

[Bapp-99]   Bappert, R. Bionik, Zukunftstechnik lernt von der Natur. SiemensForum München/Berlin und Landesmuseum für Technik und Arbeit in Mannheim (Herausgeber): 1999

[Bech-93]   Bechert, D.W.: Verminderung des Strömungswiderstandes durch bionische Oberflächen. In: VDI-Technologieanalyse Bionik, S. 74 – 77. VDI-Technologiezentrum Düsseldorf 1993.

[Bech-97]   Bechert, D.W., Biological Surfaces and their Technological Application. 28th AIAA Fluid Dynamics Conference: 1997

[Cal-84]   Calder, W.A. (1984) Size, Function and Life History. Harvard University Press. Cambridge 431pp.

[Die11-1]   Dienst, Mi. (2011) Hrsg. Transactions in Bionic Engineering Design, Vol.-Nr.001. BOD Verlag Norderstedt. ISBN 978-3-8423-2714-6.

[Die 11-2]   Dienst, Mi., (2011) Bionic Research Unit Berlin. Rezente Bionikforschung an der Beuth Hochschule für Technik Berlin, In: 5. Bremer Bionik Kongress –Tagungsbeiträge. Hrsg.: Antonia B. Kesel, Doris Zehren, S. 200-203. ISBN 978-3-00-033467-2

[Die09-4]   Dienst, Mi.(2009) Physical Modelling driven Bionics. GRIN-Verlag München.

[DUB-95]   Dubbel, Handbuch des Maschinenbaus, Springer Verlag Berlin, 15.Auflage 1995.

[Fli-02]   Flindt, R. (2002) Biologie in Zahlen Berlin: Spektrum Akademischer Verl.

[Fren-94]   French, M.: Invention and Evolution: design in nature and engineering. Cambridge University Press. Cambridge 1994.

[Fren-99]   French, M.: Conceptual Design for Engineers. Berlin, Heidelberg, New York, London, Paris, Tokio: Springer: 1999

[Gel-10]   Produktinformation, 05 2010, GELITA 69412 Eberbach. www.gelita.com

[Guen-98]   Günther, B., Morgado, E. (1998) Dimensional analysis and allometric equations concerning Cope's rule. Revista Chilena de Historia Natural 71: 331-335, 1989

[Gör-75]   Görtler, H. Dimensionsanalyse. Berlin Springer 1975

[Guen-66]   Günther, B., Leon, B. (1966) Theorie of biological Similarities, nondimensional Parameters and invariant Numbers. Bulletin of Mathematical Biophysics Volume 28, 1966.

[Gutm-89]   Gutmann, W.: Die Evolution hydraulischer Konstruktionen. Verlag W. Kramer: Frankfurt am Main, 1989.

[Hüt-07]   Hütte, 2007, 33. Auflage, Springer Verlag. S.E147

[Hux-32]   Huxley, J.S. (1932) Problems of relative Growth. London: Methuen.

[Liao-03]   Liao, J.C.; Beal, D.; Lauder, G.; Triantayllou, M. Fish Exploting Vortices Decrease Muscle Activty. In: Science 2003, S. 1566-1569. AAAS. 2003.

[Matt-97]   Mattheck, C.: Design in der Natur. Rombach Verlag. Freiburg 1997.

[Nac-01]   Nachtigall, W. (2001) Biomechanik. Braunschweig: Vieweg Verlag.

[Nach-98]   Nachtigall, W. : Bionik – Grundlagen und Beispiele für Ingenieure und Naturwissenschaftler. Springer-Verlag, Berlin-Heidelberg-New York 1998.

[Nach-00]   Nachtigall, Werner; Blüchel, Kurt. Das große Buch der Bionik. Stuttgart: Deutsche Verlags Anstalt: 2000.

[PaBe-93]   Pahl. G.; Beitz, W.: Konstruktionslehre, 3.Auflage. Berlin- Heidelberg-New York-London-Paris-Tokio: Springer 1993
[Pflu-96]   Pflumm, W. (1996) Biologie der Säugetiere. Berlin: Blackwell Wissenschaftsverlag.
[Rech-94]   Rechenberg, Ingo. Evolutionsstrategie'94. Frommann-Holzoog Verlag. Stuttgart: 1994.
[Schü-02]   Schütt, P., Schuck, H-J., Stimm, B. (2002) Lexikon der Baum- und Straucharten. Nikol, Hamburg, ISBN 3-933203-53-8
[Tho-59]   Thompson, D'Arcy, W. (1959) On Growth and Form. London: Cambridge University Press. (Neuauflage der Originalschrift 1907)
[Tho-92]   Thompson, D W., (1992). *On Growth and Form*. Dover reprint of 1942 2nd ed. (1st ed., 1917). ISBN 0-486-67135-6
[Tria-95]   Triantafyllou, M.: Effizienter Flossenantrieb für Schwimmroboter. In: Spektrum der Wissenschaft 08-1995, S. 66–73. Spektrum der Wissenschaft- Verlagsgesellschaft mbH, Heidelberg 1995.
[Zie - 72]   Zierep, J. (1972) Ähnlichkeitsgesetze und Modellregeln der Strömungslehre. Karlsruhe: Braun Verlag 1972.

Kontakt:
Dipl.-Ing. Michael Dienst
Beuth Hochschule für Technik Berlin,
BIONIC RESEARCH UNIT / FB VIII, Maschinenbau
Luxemburger Str. 10, / D - 13353 Berlin-Wedding